Acústica y Monitoreo en la Producción Musical

Arianne Luna

Introducción

Este libro está pensado para dar toda la información necesaria acerca de dos elementos claves en la producción musical. La acústica y el monitoreo. Debemos saber que cuando mezclas, el sistema de monitores que utilizes será el límite de cuán bueno puedas llegar a hacer: cuanto mejores sean los monitores, mayor será el territorio hacia donde puedas expandir tu potencial. De nada sirve tener el mejor oído del mundo, si tus monitores están recortando o exagerando demasiado las frecuencias. Lo mismo sucede con la acústica del ambiente. Una sala poco acodicionada y con mala acústica tenderá a arruinar las mejores mezclas si no se tiene cuidado con las frecuencias y las interacciones del sonido con el ambiente.

Comenzaremos centrándonos en todo lo referente al monitoreo, y luego pasaremos a la acústica.

PARTE 1: MONITOREO

Capítulo 1: Elegir los monitores

Existe una gran cantidad de monitores que podemos elegir. Los encontramos de toda la gama de precios, de todos los tamaños y estilos. No existe un solo monitor que sea calificado como "el mejor". De hecho, cada ingenieero de mezcla profesional dirá que depende de lo que uno mismo busque, e incluso, pueden llegar a recomendar utilizar o probar varios monitores en un solo estudio.

Podemos comenzar por conocer, probar y experimentar hasta encontrar unos monitores que se ajusten a lo que buscamos. No necesitas los monitores más caros no los que usan los ingeneros más famosos. Puedes hacer una gran mezcla con monitores de gama media o incluso baja. La clave del asunto radica en acostumbrarse a un par de monitores, hasta conocer perfectamente cómo funcionan, qué frecuencias son acentuadas o recordadas, y cómo interactúan con el ambiente del estudio. Una vez que conozcas bien los monitores, podrás sacarles todo su potencial. Una vez que te familiarices con tus monitores, podrás compararlos con otras fuentes de reproducción: con los altavoces del coche, con los audífonos, etcétera, y sabrás diferenciar y apreciar los matices que éstos te ofrecen.

Elementos a considerar en un nuevo monitor

Cuando quieras comprar unos monitores, tómate el tiempo de escucharlos antes. Si es posible, reproduce una canción que conozcas bien, (una de tu grupo preferido, por ejemplo), de tal forma podrás detectar aspectos sutiles del sonido. Si vas a comprarlos online, utiliza los días de prueba que las tiendas online garantizan para probar el sonido, siempre puedes devolverlos si no te convencen.

También puedes ir directamente a las tiendas físicas de tu ciudad para escucharlos allí, si el establecimiento lo permite. Si tu trabajo dependerá en parte de la calidad del monitor, es muy importante que dediques tiempo a escoger el correcto.

Consideraremos primero el volumen que puede alcanzar el monitor sin que distorsione la señal. El monitor debe entregar un sonido limpio en los niveles en que sueles trabajar.

Segundo, asegúrate de tener buenas sensaciones auditivas con los monitores. Si sientes que "algo no está del todo bien", significa que puede haber alguna frecuencia o elemento que no encaja con lo que buscas.

Tercero, las frecuencias deben ser equilibradas en todos los niveles de volumen. Si notas que los bajos se imponen demasiado cuando subes el vollumen, o si éstos se pierden al bajarlo, significa que las respuestas de frecuencias no son óptimas.

Capítulo 2: Cómo y dónde colocar los monitores

La colocación de los monitores afectará al sonido tanto como el ambiente. Fácilmente se puede deteriorar la acústica si cometemos errores de posicionamiento, sobre todo en todo lo relacionado al balance y al panning (campo estéreo).

Distancias

Debemos dar espacio al sonido entre la izquierda y la derecha. Si tenemos dos monitores demasiado juntos (por ejemplo, separados en 50 centímetros), el campo estéreo va a perderse, es decir, tendremos problemas en diferenciar entre la derecha, izquierda y centro. Si tenemos los monitores demasiado separados (más de cinco metros por ejemplo), perderemos el punto dulce o "sweet spot", que es un punto que forma un triángulo equilátero con ambos monitores. El truco es el siguiente: si colocas los monitores , por ejemplo, a dos metros de distancia entre ellos, tú debes estar a la misma distancia de cada uno de ellos. La siguiente imagen muestra la técnica:

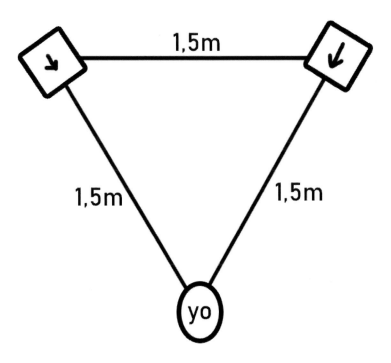

Dado que en general debes estar cerca de la consola o del ordenador, la distancia ideal estaría aproximadamente en 1,5 metros de cada monitor, como se puede apreciar en la imagen anterior.

En cuanto a la posición del monitor en relación a ti, los monitores deben apuntar directamente hacia tus oidos (no hacia el centro de tu cara). Los tweeters deberían estar alineados a la altura de tus oídos, si no es posible, también puedes alinear con tus oídos el punto intermedio entre los tweeters y el woofer.

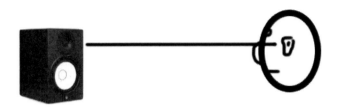

Soportes acústicos para monitores

Los monitores transmiten vibraciones sonoras a los muebres donde estén apoyados. Estas vibraciones resonarán en el mueble (o la consola), y provocarán interferencias, y cancelaciones de fase con el sonido directo de los monitores, otras veces, las frecuencias y las fases pueden sumarse, provocando resonancias exageradas. Notarás esto especialmente en el low end, los bajos sonarán menos definidos, lo que creará problemas con la ecualización. Por esta razón evita apoyar los monitores directamente sobre la superficie de la mesa o consola. Para solucionar esto existen varios productos, como los soportes acústicos, que aislarán las vibraciones de los monitores de la superficie del mueble.

Controles útiles del monitor

Muchos monitores tienen, generalmente en la parte de atrás, varios parámetros que podemos ajustar para adaptarlos a la acústica de nuestro ambiente. Podemos encontrar controles de nivel, reducción de bajos, opciones para colocar monitores cerca o lejos de muros, etcétera.

Posición horizontal o vertical de los monitores

La mayoría de los monitores tienen su sonido óptimo en la posición vertical, sin embargo, algunas personas prefieren colocarlos horizontalmente, lo que puede producir algunos desperfectos en el sonido. Aún así, si vas a colocar los monitores horizontalmente, procura que los tweeters queden en la parte más externa y los woofers en la parte interna:

Se recomienda no utilizar los monitores horizontalmente, a menos que éstos estén diseñados especialmente para colocarlos de tal forma.

Capítulo 3: Auriculares

Hay ocasiones donde es imposible utilizar monitores (durante la noche, por ejemplo, si tienes vecinos que duermen). Muchas veces estamos en un ambiente acústicamente difícil (como un cuarto demasiado pequeño), o simplemente no podemos comprar un par de monitores de suficiente calidad. Es posible el uso de auriculares, pero debes tener en cuenta algunas advertencias.

Primero, escuchar con auriculares durante más de un par de horas producirá fatiga auditiva, es decir, con auriculares podrás mezclar y escuchar durante menos tiempo que con monitores.

Segundo, al cabo de un rato, llevar auriculares comienza a ser incómodo para las orejas o la cabeza.

Tercerlo, los auriculares de estudio tienden a sonar demasiado perfectos y a colorear ligeramente la mezcla. Puede que tengas algunas dificultades para detectar problemas sutiles con las frecuencias o con el campo estéreo.

Dicho esto, podemos decir que los auriculares son excelentes para detectar pequeños desperfectos como clicks, pops, distorsiones, ruido, y así poder corregir éstas cosas son presición.

En resumen, es posible mezclar con auriculares, aunque no es la opción más óptima. Simplemente procura comprar unos modelos de frecuencia lo más plana posible, y tener otras fuentes de escucha (altavoces, monitores, etcétera).

Capítulo 4: Volumen de monitoreo

El volumen puede ser un factor importante en la eficacia con que funciona nuestro oido. Partiendo de esto, podemos decir que no es recomendable utilizar un volumen alto constantemente. Sí es recomendable subir el volumen solamente cuando queramos comprobar ciertas frecuencias, como las graves, o simplemente comprobar cómo sonaría una producción en altos volúmenes. La mayoría del tiempo, será suficiente y adecuado un volumen medio, al nivel de una conversación (78 a 80 Db).

Escuchar todo el tiempo a volúmenes altos puede causar una serie de problemas más o menos graves. Primero, el volumen alto produce fatiga auditiva, e incluso malestar físico. Esto va a limitar el tiempo que puedas pasar en la mezcla. A volúmenes altos puede que llegues a unas cuatro o cinco horas como máximo de trabajo. A volúmenes bajos, podrás llegar a las ocho o incluso más.

Segundo, el volumen alto, cuando se abusa de él, causa daños permanentes al oído interno, lo que provocará pérdida de audición y mal reconocimiento de frecuencias.

Tercero, siempre reconocerás más frecuencias a volúmenes bajos. El oído humano se agudiza a niveles bajos. En cambio, las frecuencias pueden volverse borrosas o poco definidas a volúmenes muy altos.

Se recomienda ir bajando o subiendo el volumen según tus necesidades, y para ir comprobando la mezcla a distintos niveles.

Escuchar en mono

La técnica de escuchar la mezcla en mono es muy utilizada por los profesionales. Esta técnica nos puede aclarar la precepción de varios elemenos como el balance, el campo estéreo, las fases e incluso el equilibro entre instrumentos.

Poner una mezcla en mono manifestará al instante los problemas de fases, puesto que en estéreo puede resultar en algunos casos más difícil detectarlos. También te hará ver cuándo un elemeno de la mezcla sobresale demasiado o si en cambio está por debajo del resto. Por último, veremos que en mono se verán más claramente los problemas de panning, tendrás más claridad en detectar cuándo es necesario equilibrar los elementos de centro, izquierda y derecha.

PARTE 2: ACÚSTICA

Capítulo 5: Espacio y dimensiones del estudio

El tratamiento acústico del estudio nos dará una herramienta fiable para realizar nuestros trabajos. Si tenemos un buen par de monitores, pero nuestra acústica falla, la mezcla podrá versse seriamente afectada, incluso hasta impedirnos obtener un resultado aceptable.

Reflexiones

Cuando escuchamos una mezcla, tenemos dos fuentes de sonido: el sonido directo que llega desde los monitores hasta nuestros oidos, y el sonido reflejado, que es el resultado del sonido que sale de los monitores que rebota en las paredes de tu estudio. Esto incluye, además de las cuatro paredes que te rodean, también el techo y el suelo. El sonido va a reflejarse en todas las superficies. No habría problema si todas estas reflexiones llegaran a tus oídos todas al mismo tiempo, pero no es el caso. El problema empieza cuando el sonido directo llega a tus oidos en un determinado momento y el sonido reflejado llega a tus oídos algunos milisegundos más tarde.

A continuación vemos (en rojo) las muchas posibles direcciones donde los sonidos de los monitores pueden reflejarse en un estudio:

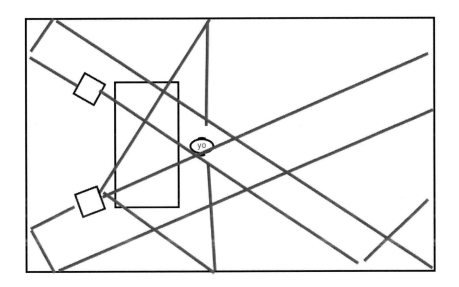

Distancia de los monitores al muro frontal

Cuando colocamos los monitores cerca de una pared, la corta distancia entre ellos y la pared genera reflexiones que luego se traducen en cancelaciones de fase, sobre todo en las frecuencias graves. Esto se traducirá en una percepción incorrecta de las frecuencias graves. El primer consejos es, pues, dejar una distancia de al menos 35 a 42 centímetros entre los monitores y la pared, como podemos apreciar en la siguiente imagen:

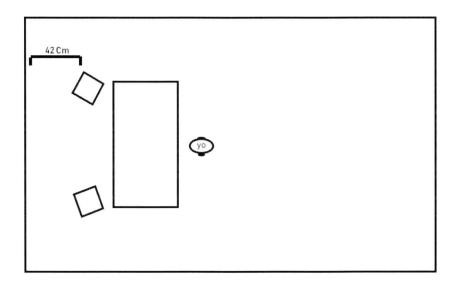

De esta forma, evitamos las cancelaciones de las fases devido a éstas reflexiones de corta distacia.

Distancia del punto de escucha hacia los muros laterales

Si estás en tu estudio y encuentras que el muro izquierdo está a 1 metro de ti, y el muro derecho está a 3 metros de ti, significa que algunas reflexiones laterales llegarán más tarde que otras a tus oidos. Aquellas reflexiones provenientes del muro a 1 metro, llegarán más temprano que las del muro a 3 metros. Esto, como podrás adivinar, significa problemas de fase. Para solucionar ésto debemos tener una distancia igual en ambos lados de nuestra cabeza, como se muestra en la siguiente imagen:

A = B

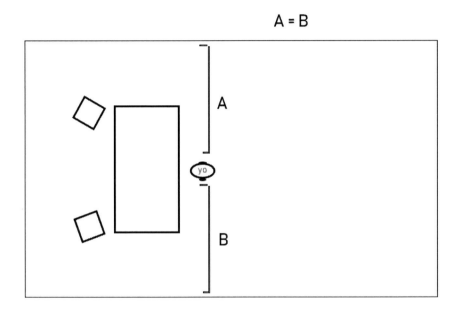

Dimensiones del estudio

La dimension de la sala donde mezclas es un factor muy importante. Supongamos que tienes un estudio que mide cinco metros por cinco metros (largo por ancho). Tenemos un estudio con un área cuadrada, lo que supone una de las peores formas de estudio que puedas tener, puesto que un área cuadrada supone problemas de exageración de frecuencias y reflexiones, inposibles de corregir. Tampoco queremos un estudio que tenga más ancho que largo. Lo ideal en cuanto a medidas es que el estudio sea más largo que ancho. Es así donde tendrás un sonido más limpio y claro. Las proporciones exactas fueron calculadas mediante experimentos matemáticos y acústicos, que no vamos a explicar aquí. Te daremos las fórmulas y allí podrás calcular, de modo aproximado, qué es lo que mejor se ajusta a lo que puedas conseguir en tu estudio.

Ejemplo de proporción correcta:
altura (H) x ancho (W) x largo (L)
2,4 m (H) x 2,7 m (W) x 3,3 m (L)

Si lo simplificamos, obtenemos que cada 1 metro de ancho, tendremos 1,62 metros de largo.

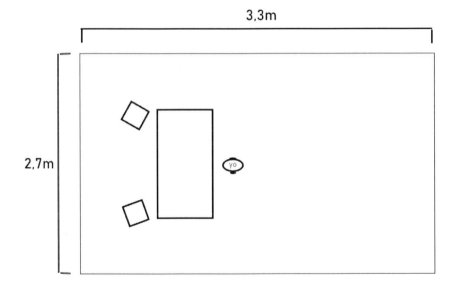

Capítulo 6: Tratamiento acústico

Lo primero que podeos hacer para tener una buena acústica es librarnos de las reflexiones más problemáticas. No debemos librarnos de todas las reflexiones. El oído humano está acostumbrado a recibir el sonido en ambientes reflectantes. Si dejamos un estudio completamente carente de reflexiones (poninedo paneles acústicos en todas las paredes, techo y suelo), dejaremos al estudio acústicamente muerto. El sonido será poco natural y extraño a nuestros oídos. Lo ideal es dejar un estudio con algunas zonas tratadas acusticamente y algunas zonas libres (sin tratamiento).

Principales reflexiones a atenuar
Lo primero que tendremos que tratar son:
1- Las zonas a ambos lados de nuestra cabeza (trazando una línea recta desde nuestro oídos a las paredes).
2- La zona justo arriba de nuestra cabeza, en el techo.

La siguiente imagen ilustra esta zona de reflexiones primaria:

Los rectángulos en color son los paneles acústicos que pondremos (más adelante veremos los materiales que podemos utilizar para los paneles).

Otra técnica útil se basa en trazar una línea recta partiendo de los monitores. El sonido saldrá de los monitores e irá hasta las paredes. Viendo el área donde esta línea imaginaria toca las paredes, allí pondrás un panel acústico.

En la siguiente imagen veremos esto:

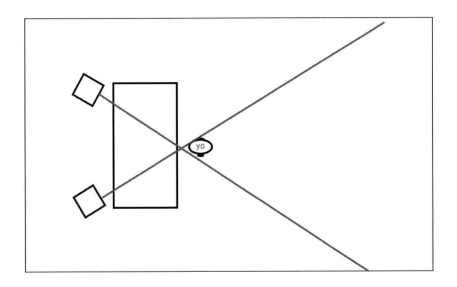

Te preguntarás por qué no he mencionado el suelo. Es una zona cuyas reflexiones podemos aceptar, puesto que mantienen vivo el ambiente. Además, tratar un suelo acústicamente suele ser más caro.

Materiales

Podemos encontrar que suele venderse mucho la espuma acústica estándar, que, por desgracia no es demasiado efectiva a la hora de absorver reflexiones.

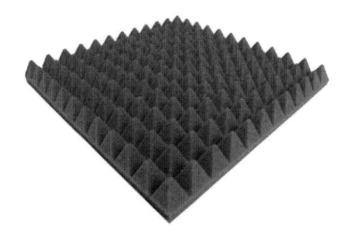

Es un material poco denso y no atrapa las frecuencias que debería atrapar. Pero es mejor que nada. Es mejor cubrir un poco las paredes con ésta espuma que dejarlas vacías.

Fibra de vidrio

El material que se usa en los estudios profesionales es la fibra de vidrio comprimida. Es un material que absorve la mayoría de las frecuencias, hasta llegar a 200Hz. Se puede comprar el material y fabricar los marcos para los paneles en casa, o bien se puede comprar todo el panel ya hecho.

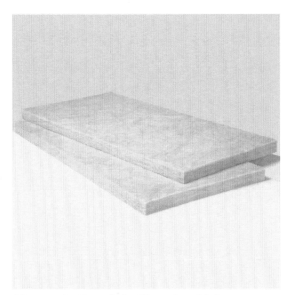

Figura 1: Panel de fibra de vidrio

Si deseas fabricar los paneles, es muy fácil, debes crear un marco de madera para enmarcarlos y luego cubrirlos con tela u otro material textil.

Lana de roca

Otra opción, mejor que la anterior, y que ofrece resultados más eficientes, es la lana de roca o rockwool.

Difusores

Un difusor se encarga de difuminar todas las reflexiones que llegan a la pared trasera (la que está justo detrás de ti). La idea es no matar las reflexiones sino dispersarlas para que no lleguen de vuelta a tus oídos. Los difusores pueden comprarse ya hechos, o bien pueden ser hechos a partir de superficies irregulares de madera u objetos:

Lo más fácil y barato es utilizar estantes de libros. Será igual de efectivo que un difusor comprado, y ayudará a la acútstica en general:

Trampas para bajos

Las esquinas suelen ser los sitios más problematicos en cuanto a frecuencias graves. Si el estudio es pequeño, más frecuencias graves quedarán "atrapadas" en las esquinas. Este problema crea resonancias no deseadas que interferirán con la escucha.

Made in United States
North Haven, CT
23 March 2023

34425304R00017